# *Efeitos dos ácidos graxos na saúde humana*

Neuza Jorge
Cassia Roberta Malacrida

EFEITOS DOS ÁCIDOS GRAXOS NA SAÚDE HUMANA

UNESP-Universidade Estadual Paulista
Instituto de Biociências, Letras e Ciências Exatas

São José do Rio Preto-SP

2008

UNESP-Universidade Estadual Paulista
Reitor: Marcos Macari
Vice-Reitor: Herman Jacobus Cornelis Voorwald

IBILCE-Instituto de Biociências, Letras e Ciências Exatas
Diretor: Carlos Roberto Ceron
Vice-Diretor: Vanildo Luiz Del Bianchi

Normalização bibliográfica:	**Revisão textual:**
Gislaine de Lourdes Gameiro	Nelson Luís Ramos

Capa: Elias C. Silveira   **Diagramação**: Cleiton Taborda

Impressão: Gráfica Real

Conselho Editorial:

Titulares
Lidia Almeida Barros (Presidente)
Sônia M. Oliani (Vice-Presidente)
Ali Messaoudi
Álvaro Luiz Hattnher
Eliana X. Linhares de Andrade
Sérgio Vicente Motta

Suplentes
Alagacone Sri Ranga
Cláudia Márcia A. Carareto
Cristina Carneiro Rodrigues
José Horta Nunes
Marcos Antonio Siscar
Waldemar Donizete Bastos

CIP-BRASIL. CATALOGAÇÃO-NA-FONTE
SINDICATO NACIONAL DOS EDITORES DE LIVROS, RJ

J71e
Jorge, Neuza
    Efeitos dos ácidos graxos na saúde humana / Neuza Jorge, Cassia Roberta
Malacrida. - São Paulo : Cultura Acadêmica, São José do Rio Preto: Laboratório
Editorial, 2008.
    64p. -(Brochuras ; n.3)
    Inclui bibliografia
    ISBN 978-85-98605-30-2

    1. Ácidos graxos na nutrição humana. I. Malacrida, Cassia Roberta. II. Título.
III. Série.

08-1369.   CDD: 612.397
              CDU: 612.397
08.04.08   09.04.08   006110

AGRADECIMENTOS

Agradecemos à UNESP – Universidade Estadual Paulista, sobretudo ao Instituto de Biociências, Letras e Ciências Exatas, em especial à Profª Drª Lidia Almeida Barros, pela possibilidade de desenvolver este trabalho.

Queremos também expressar nossos sinceros agradecimentos ao Conselho Nacional de Desenvolvimento Científico e Tecnológico – CNPq, pela bolsa de Produtividade em Pesquisa para a autora, e à Coordenação de Aperfeiçoamento de Pessoal de Nível Superior – CAPES, pela bolsa de Doutorado para a co-autora.

LISTA DE TABELAS

Tabela 1 – Ácidos graxos saturados que ocorrem com mais freqüência na natureza 19

Tabela 2 – Ácidos graxos insaturados que ocorrem com mais freqüência na natureza 20

Tabela 3 – Teor de ácidos graxos trans (%) em amostras de gorduras presentes em produtos comerciais brasileiros 25

Tabela 4 – Resumo das recomendações de consumo de ácidos graxos $\omega 3$ 43

SUMÁRIO

Apresentação		11
Prefácio		13
Introdução		15
1	Lipídios	17
2	Ácidos Graxos	19
	2.1 Ácidos Graxos Saturados	23
	2.2 Ácidos Graxos Trans	24
	2.3 Ácidos Graxos $\omega 3$ e $\omega 6$	28
3	Aspectos Nutricionais	33
4	Recomendações Dietéticas	39
5	Fontes de Ácidos Graxos	45
6	Análise de Ácidos Graxos	49
Considerações Finais		53
Referências Bibliográficas		55

APRESENTAÇÃO

Esta publicação foi feita com o objetivo de oferecer um texto básico e acessível aos estudantes e profissionais da área de alimentos sobre os ácidos graxos constituintes dos óleos e gorduras presentes nos alimentos e seus efeitos na saúde humana.

A apresentação dos assuntos obedece a uma seqüência prática, didática e de fácil acesso à informação, sendo uma referência tanto para os estudantes como para os profissionais da área de Engenharia de Alimentos e de Nutrição.

Assim, as informações aqui reunidas abordam os lipídios e os seus principais constituintes, os ácidos graxos: saturados, trans e poliinsaturados – $\omega 3$ e $\omega 6$. Além disso, foram também enfatizados os aspectos nutricionais dos ácidos graxos, as recomendações dietéticas, suas principais fontes, bem como os mais importantes métodos analíticos utilizados nas suas medidas.

As autoras desenvolvem pesquisa em Ciência e Tecnologia de Alimentos e constituem o grupo de pesquisa Matérias Graxas Alimentícias. A primeira autora é professora dos cursos de Graduação e Pós-Graduação, enquanto que a segunda autora é aluna de doutorado do curso de Pós-Graduação de Engenharia e Ciência de Alimentos do Departamento de Engenharia e Tecnologia de Alimentos, Instituto de Biociências, Letras e Ciências Exatas, Universidade Estadual Paulista.

As autoras

PREFÁCIO

O tema do livro, organizado pelas autoras, é atual e reflete a importância da qualidade dos alimentos para a Saúde Pública.

Com os avanços da medicina, a bromatologia, notadamente a Tecnologia de Alimentos e a Nutrição, tem papel fundamental para a saúde humana. O conhecimento dos ácidos graxos na dieta humana é de vital importância, uma vez que a ingestão de alguns tipos desses ácidos, por exemplo os saturados e poliinsaturados trans, são considerados prejudiciais e podem ocasionar doenças cardiovasculares.

A Universidade, além de sua face acadêmica, também tem a incumbência de divulgar para a comunidade os conhecimentos adquiridos, informando e alertando a população a respeito de possíveis agravos à saúde e de outros assuntos que têm importância para a população.

Este livro reúne vasto conhecimento da Profª Drª Neuza Jorge e equipe, conseguido durante os vários anos de trabalho e de dedicação na universidade, como docente e orientadora do curso de pós-graduação de Engenharia e Ciência de Alimentos da UNESP de São José do Rio Preto.

Como representante de um laboratório de Saúde Pública, o Instituto Adolfo Lutz, eu não poderia deixar de externar a minha admiração pela publicação deste livro, o qual muito contribuirá para que estudantes e profissionais que militam na área da saúde, atualizem seus conhecimentos.

Esta obra, com certeza, irá brindar com muito brilhantismo a comunidade científica, disseminando conhecimentos e proporcionando condições para que os estudiosos e interessados sobre os efeitos dos ácidos graxos na saúde, assunto atual e muito discutido, tenham acesso às recentes informações referentes ao assunto.

Odair Zenebon

Diretor da Divisão de Bromatologia e Química

Instituto Adolfo Lutz

INTRODUÇÃO

A função dos óleos e gorduras na nutrição humana tem sido muito pesquisada e discutida nas últimas décadas, uma vez que estão envolvidos em diferentes eventos fisiológicos, tanto favoráveis quanto desfavoráveis para o organismo humano. Estudos têm sido feitos principalmente para verificar a importância dos ácidos graxos na saúde, pois eles constituem os principais componentes de grande parte dos lipídios presentes na dieta humana.

Basicamente, os ácidos graxos são classificados em saturados, monoinsaturados (MUFA) e poliinsaturados (PUFA), dependendo da presença e número de duplas ligações na cadeia.

Os ácidos graxos saturados tendem a elevar o colesterol sangüíneo em todas as frações de lipoproteínas, sendo um dos principais contribuintes para a alta incidência de doenças cardiovasculares. Entretanto, os ácidos graxos essenciais $\omega 3$ e $\omega 6$, dependendo da quantidade ingerida, apresentam efeitos nutricionais benéficos para doenças cardiovasculares, uma vez que reduzem os níveis de LDL-colesterol (lipoproteína de baixa densidade).

Atualmente, os ácidos graxos trans também foram incluídos entre os lipídios dietéticos que atuam como fatores de risco para doença arterial coronariana, sendo necessário um controle no consumo de alimentos que são fontes desses ácidos graxos.

Os PUFAs têm pelo menos duas duplas ligações e podem ser classificados de várias maneiras. A forma mais comum de classificação é aquela que agrupa os ácidos graxos conforme o número do carbono onde ocorre a primeira dupla ligação a partir do grupo metila, antecedido pela letra grega ômega (ω) ou pela letra n-6 e n-3.

Assim, são identificados os ácidos graxos ômega 9 ($\omega 9$), como o ácido oléico presente em óleos e gorduras vegetais e animais;

os ômega 6 (ω6), cujo principal representante é o ácido linoléico presente em óleos vegetais; e os ômega 3 (ω3), cujo ácido graxo principal é o α-linolênico encontrado em óleos de origem marinha e em alguns óleos vegetais.

O valor energético de todos os ácidos graxos é igual, porém existem diferenças quanto aos efeitos fisiológicos dos mesmos. Alguns dos ácidos graxos insaturados são essenciais, pois não podem ser sintetizados pelo organismo humano e, desta forma, devem ser obtidos através da dieta, uma vez que são essenciais à vida.

O ácido linoléico foi considerado, por muito tempo, como o ácido graxo mais importante, visto que é precursor do ácido araquidônico no organismo humano. Além disso, sintomas de deficiência relacionados com alterações cutâneas foram corrigidos pela aplicação tópica de óleos ricos neste ácido graxo. Sabe-se, atualmente, que não se pode reduzir o consumo de ácidos graxos essenciais somente ao ácido linoléico, já que existem numerosas condições fisiológicas que requerem derivados de cadeia mais longa tanto da família dos n-6 como dos n-3.

As famílias de ácidos graxos ω6 e ω3 se incorporam às membranas celulares, combinando-se com fosfolipídios, sendo precursoras dos eicosanóides (prostaglandinas, prostaciclinas, tromboxanos e leucotrienos), os quais interferem em inúmeros processos fisiológicos tais como a coagulação sangüínea, processos inflamatórios e imunológicos. Os ácidos graxos ω3 têm sido considerados eficazes na redução do risco de várias doenças, entre elas hipertensão, doenças cardiovasculares e aterosclerose.

Tendo em vista o grande interesse dado aos efeitos dos ácidos graxos para a saúde, este trabalho foi elaborado com o objetivo de realizar uma revisão sobre os ácidos graxos e seus aspectos nutricionais.

1

LIPÍDIOS

Os lipídios são um grupo heterogêneo de compostos que incluem os óleos e gorduras, ceras e componentes correlatos encontrados em alimentos e no corpo humano. Os lipídios são definidos como uma classe de compostos insolúveis em água e solúveis em solventes orgânicos, formados por cadeias carbônicas longas, que variam acentuadamente de tamanho e polaridade. Estruturalmente, a maioria dos lipídios da dieta contém três ácidos graxos ligados a uma molécula de glicerol, conhecida como triacilgliceróis.

Dependendo da consistência da matéria, ou seja, forma sólida ou líquida à temperatura ambiente, os lipídios podem ser considerados gorduras ou óleos, respectivamente. Basicamente, óleos e gorduras são misturas de triacilgliceróis. Além dos triacilgliceróis, também incluem monoacilgliceróis, diacilgliceróis, fosfatídios, cerebrosídios, esteróis, terpenos, ácidos graxos e outras substâncias.

Os lipídios exercem importantes funções na fisiologia humana, dentre as quais destacam-se: fornecimento de energia, participação da constituição das membranas celulares, organelas subcelulares e da constituição de diversos tecidos, principalmente adiposo e nervoso; isolamento térmico; proteção do corpo contra a excessiva perda de água por transpiração; proteção dos órgãos e da pele e são precursores na síntese de compostos como hormônios e lipoproteínas.

De acordo com Moreira, Curi e Mancini Filho (2002), os lipídios estão envolvidos em muitas funções metabólicas do organismo, participando da formação de eicosanóides e outros compostos bioativos responsáveis pela regulação das funções celulares. Segundo estes autores, muitas funções das membranas são dependentes da composição lipídica. Os lipídios ingeridos na dieta podem modificar a composição e a atividade biológica das mesmas. No entanto, evidências sugerem que a alta ingestão de gordura altera o balanço endócrino, a modulação do tipo e da quantidade de eicosanóides produzidos, modificando a expressão gênica e a fluidez da membrana, alterando o metabolismo de energia e/ou funções imunológicas.

Os efeitos da elevada ingestão de gorduras são amplamente conhecidos, sendo um dos principais focos das pesquisas nutricionais das últimas décadas. Além da grande relação com as doenças coronarianas, para Cibeira e Guaragna (2006), é evidente que a qualidade da dieta e o estilo de vida contribuem para o desenvolvimento de neoplasias como o câncer de mama, visto que diferentes tipos de ácidos graxos desempenham papéis distintos em relação a essa doença.

Em adição às qualidades nutricionais, os óleos e gorduras provêem consistência e características de fusão específicas aos produtos que os contêm, atuam como meio de transferência de calor durante o processo de fritura e como carreadores de vitaminas lipossolúveis e aroma. Além disso, os lipídios afetam a estrutura, estabilidade, sabor, aroma, qualidade de estocagem, características sensoriais e visuais dos alimentos.

2

ÁCIDOS GRAXOS

Os ácidos graxos constituem os principais componentes de grande parte dos lipídios presentes na dieta humana. São definidos como cadeias de hidrocarbono terminando em um grupo carboxila numa extremidade e um grupo metil na outra. Geralmente, são cadeias com um número par de carbonos, que variam de 4 a 26 átomos.

Segundo Krummel (1998), os ácidos graxos diferem na extensão da cadeia, grau e natureza de saturação. A maioria das cadeias dos ácidos graxos possuem entre 4 e 26 carbonos, sendo os de maior prevalência os ácidos graxos com 16 e 18 carbonos, também chamados de ácidos graxos de cadeia longa. Os ácidos graxos que ocorrem com mais freqüência na natureza estão apresentados nas Tabelas 1 e 2.

Tabela 1 – Ácidos graxos saturados que ocorrem com mais freqüência na natureza.

Nome comum	Nome químico	Átomos de carbono	Duplas ligações	Fonte
Butírico	Butanóico	4	0	Gordura de leite
Capróico	Hexanóico	6	0	Gordura de leite
Caprílico	Octanóico	8	0	Óleo de coco
Cáprico	Decanóico	10	0	Óleo de coco
Láurico	Dodecanóico	12	0	Óleo de coco, óleo de palmeira
Mirístico	Tetradecanóico	14	0	Gordura de leite, óleo de coco
Palmítico	Hexadecanóico	16	0	Óleo de palmeira, gordura animal

Esteárico	Octadecanóico	18	0	Manteiga de cacau, gordura animal
Araquídico	Eicosanóico	20	0	Óleo de amendoim
Behênico	Docosanóico	22	0	Óleo de amendoim

Fonte: KRUMMEL (1998).

Tabela 2 – Ácidos graxos insaturados que ocorrem com mais freqüência na natureza.

Nome Comum	Nome químico	Átomos de carbono*	Duplas ligações	Fonte
Caproléico	9-Decenóico	10	1	Gordura de leite
Lauroléico	9 - Dodecenóico	12	1	Gordura de leite
Miristoléico	9-Tetradecenóico	14	1	Gordura de leite
Palmitoléico	9- Hexadecenóico	16	1	Alguns óleos de peixe e gordura bovina
Oléico	9-Octadecenóico	18	1	Azeite, óleo de canola
Elaídico	9-Octadecenóico	18	1	Gordura de leite
Vacênico	11-Octadecenóico	18	1	Gordura de leite
Linoléico	9,12-Octadecadienóico	18	2	Maioria dos óleos vegetais: milho, algodão

Linolênico	9,12,15- Octadecatrienóico	18	3	Óleo de soja, canola, nozes
Gadoléico	9- Eicosenóico	20	1	Alguns óleos de peixe
Araquidônico	5,8,11,14- Eicosatetraenóico	20	4	Banha, carnes
–	5,8,11,14,17- Eicosapentaenóico (EPA)	20	5	Alguns óleos de peixe e marisco
Erúcico	13 - Docosenóico	22	1	Óleo de canola
–	4,7,10,13,16,19- Docosahexaenóico (DHA)	22	6	Alguns óleos de peixe e marisco

* Todas as ligações duplas se encontram na configuração cis, exceto para os ácidos elaídico e vacênico, que são trans.

Fonte: KRUMMEL (1998).

De modo geral, os ácidos graxos são representados pelo número de átomos de carbonos da molécula, seguido pelo número de duplas ligações da cadeia carbônica, estando entre parênteses a posição das duplas ligações, contando a partir do grupo carboxila. Outra forma de representar de modo resumido os ácidos graxos, em estudos bioquímicos e de nutrição, é citar a posição da primeira dupla ligação, contando a partir do grupo CH_3 terminal da molécula e assumindo que as demais duplas ligações estão em padrão metileno-interrompido e na conformação cis.

Dependendo do tamanho da cadeia carbônica, do número e da posição das duplas ligações e da linearidade (esteroespecificidade, cis e trans), os lipídios têm diferentes propriedades físicas e químicas.

De acordo com Castro-González (2002), a maneira mais comum de classificar os ácidos graxos é:

1. Pelo seu grau de saturação – dividem-se em saturados e insaturados (monoinsaturados e poliinsaturados);

2. Pelo comprimento da cadeia – podem ser de cadeia curta (4 a 6 carbonos), cadeia média (8 a 12 carbonos), cadeia longa (14 a 18 carbonos) e cadeia muito longa (20 ou mais carbonos).

Os ácidos graxos saturados são ácidos monocarboxílicos constituídos de uma cadeia hidrocarbonada saturada, ou seja, com todas as valências do carbono ligadas a átomos de hidrogênio. Os ácidos graxos insaturados são também ácidos monocarboxílicos, contendo uma cadeia hidrocarbonada, mas com uma ou mais ligações duplas.

O nível de saturação determina a consistência da gordura em temperatura ambiente. Em geral, quanto maior a cadeia e mais saturada, mais sólida a gordura será em temperatura ambiente. A exceção é o óleo de coco, que é altamente saturado e líquido à temperatura ambiente por causa da predominância dos ácidos graxos de cadeia curta.

Ácidos graxos saturados são menos reativos e apresentam ponto de fusão superior em relação ao ácido graxo correspondente de mesmo tamanho de cadeia com uma ou mais duplas ligações. Ácidos graxos insaturados podem existir nas configurações cis e trans, com diferentes propriedades físico-químicas. Por suas características estruturais, os ácidos graxos na forma trans têm ponto de fusão mais elevado quando comparado com seu isômero cis correspondente, mas inferior ao ponto de fusão do ácido graxo saturado com mesmo número de átomos de carbono. Assim, os isômeros trans podem ser considerados como intermediários entre um ácido graxo original insaturado e um ácido graxo completamente saturado. Os ácidos trans de maior ocorrência são os monoinsaturados, mas vários isômeros diinsaturados ou mesmo triinsaturados podem ser formados a partir dos ácidos linoléico e linolênico.

2.1 Ácidos graxos saturados

Inúmeros estudos têm sido realizados com o intuito de verificar a correlação da ingestão elevada de ácidos graxos saturados e o aumento da incidência de doenças cardiovasculares. Dentre os fatores de risco para as doenças cardiovasculares estão alguns hábitos relacionados ao estilo de vida, como dieta rica em energia, gorduras saturadas, colesterol e sal, bem como bebida alcoólica, tabagismo e sedentarismo.

Os ácidos graxos saturados estão presentes em maior quantidade nos alimentos de origem animal, como carnes (bovina, suína e de frango), leite e derivados. No entanto, eles também podem ser encontrados em alguns alimentos de origem vegetal como sementes de palmeira, cacau, coco e amêndoas.

Lima et al. (2000), após revisão de literatura médica sobre os estudos desenvolvidos com ácidos graxos, verificaram que uma ingestão relativamente alta de ácidos graxos saturados (aproximadamente 17% da energia total) era um significante contribuinte para a alta incidência de doenças cardiovasculares.

Em geral, os ácidos graxos saturados tendem a elevar o colesterol sangüíneo em todas as frações de lipoproteínas, isto é, LDL-colesterol (lipoproteína de baixa densidade) e HDL-colesterol (lipoproteína de alta densidade), quando substituídos por carboidratos ou outros ácidos graxos. Os ácidos graxos mais hipercolesterolêmicos ou aterogênicos são os ácidos láuricos (C12:0), mirístico (C14:0) e palmítico (C16:0). Apesar de ser um ácido graxo saturado, o ácido esteárico (C18:0) não tem efeito sobre as lipoproteínas sangüíneas e é considerado como neutro como os carboidratos. Os triglicerídios de cadeia média com ácidos graxos com menos de 10 carbonos também não afetam os níveis de colesterol sangüíneo, mas elevam os níveis de triglicerídios.

Entre os ácidos graxos observam-se comportamentos diferentes. Assim, os ácidos palmítico (C16:0) e mirístico (C14:0) elevam os níveis de LDL-colesterol em maior proporção que o ácido esteárico (C18:0). O ácido láurico (C12:0) promove a hipercolesterolemia, sendo em menor quantidade que o ácido palmítico e mirístico. Acredita-se que os ácidos graxos monoinsaturados como, por exemplo, o ácido oléico, não influem nos níveis de colesterol e que os ácidos graxos poliinsaturados, como o ácido linoléico (C18:2), reduzem os níveis séricos de LDL-colesterol.

2.2 Ácidos graxos trans

A maior parte dos ácidos graxos insaturados presentes nos alimentos encontra-se na forma cis, significando que os hidrogênios estão do mesmo lado da dupla ligação. Os ácidos graxos trans, formados a partir dos insaturados, apresentam inversão na dupla ligação, colocando o hidrogênio na posição transversal e provocando a linearização da cadeia.

Os ácidos graxos trans são naturais de alguns alimentos, como os de origem animal, e praticamente são desconhecidos em óleos vegetais. Estão presentes naturalmente em gorduras originadas de animais ruminantes, como resultado do processo de bio-hidrogenação na flora microbiana do rúmen. O teor de ácidos graxos trans na carne e leite varia de 1,5 a 6,5%. O isômero trans predominante corresponde ao C18:1 11t, conhecido como ácido trans vacênico ou ácido rumênico. Estima-se que 2 a 8% dos isômeros trans da dieta sejam provenientes desta fonte e veiculados principalmente pelos laticínios.

Isômeros trans também podem ser formados, embora em pequenas quantidades (0,2 a 6,7%), no processo de desodorização de óleos vegetais e em operações de fritura de alimentos (0 a 35%), por mecanismo induzido termicamente.

Além disso, podem ser formados durante o processamento tecnológico de hidrogenação de óleos vegetais, bastante utilizado na obtenção de produtos substitutos da manteiga e gorduras animais. A hidrogenação é realizada com o intuito de modificar a composição, estrutura e consistência de um óleo. Seu resultado é a redução do grau de insaturação do óleo e aumento de seu ponto de fusão, associado ao aumento da estabilidade oxidativa e funcionalidade das frações semi-sólidas produzidas.

No Brasil, a hidrogenação comercial de óleos vegetais data da década de 50, visando a produção de gorduras técnicas (shortenings), margarinas e gorduras para frituras. Com o desenvolvimento de técnicas de hidrogenação seletiva, os óleos vegetais processados rapidamente substituíram as gorduras animais na dieta dos brasileiros. Estas gorduras têm sido largamente empregadas na produção de diversos alimentos, como margarinas, coberturas de chocolate, biscoitos, produtos de panificação, sorvetes, massas e batatas chips, entre outros (Tabela 3).

Em geral, os ácidos graxos trans são consumidos em maiores quantidades nos países industrializados, com valores médios entre 2 a 8 g/dia, o que corresponde a 2,5% do total energético ou a 6-8% do total de energia proveniente de lipídios.

Estima-se que o consumo de ácidos graxos trans nos EUA varia de 2,6 a 12,8 g/dia. Na Europa, este valor é estimado entre 0,1 a 5,5 g/dia. No Brasil não existem estimativas consensuais sobre a ingestão diária destes compostos e os teores nos alimentos são pouco conhecidos.

Tabela 3 – Teor de ácidos graxos trans (%) em amostras de gorduras presentes em produtos comerciais brasileiros.

Produtos	Ácidos graxos trans (%)
Sopas e caldos	32,3 – 36,4
Coberturas achocolatadas e chocolates granulados	1,3 – 49,9
Pães e bolos	19,5 – 29,9
Biscoitos recheados	21,4 – 48,3
Sorvetes, cremes e margarinas	27,0 – 36,3
Frituras	7,7 – 30,4
Doces e confeitos	3,3 – 40,3

Fonte: RIBEIRO et al. (2007).

O teor de ácidos graxos trans nos produtos que contêm gordura parcialmente hidrogenada varia significativamente, até mesmo dentro de uma mesma categoria de produto. Essa variabilidade está associada às condições de hidrogenação da gordura utilizada e à natureza do produto. Os alimentos freqüentemente contêm misturas de diferentes tipos de gorduras parcialmente hidrogenadas e óleos não hidrogenados e o teor total de lipídios pode variar extremamente de um produto para outro.

Aued-Pimentel et al. (2003) relataram a determinação de ácidos graxos trans em 26 amostras de biscoitos em seis marcas de quatro tipos diferentes: recheados, wafer, salgados e doces diversos. Os valores médios obtidos para os teores de ácidos graxos trans foram similares (3 ± 1 g/100 g de amostra), independente de fabricantes ou tipo de biscoito. Martin et al. (2005) avaliaram o conteúdo de ácidos graxos trans em amostras de biscoitos tipo cream-cracker consumidos no Brasil. O total de isômeros trans variou de 12,2 a 31,2%, com média de 20,1%.

Capriles e Arêas (2005) desenvolveram salgadinhos, obtidos através de extrusão, com teores reduzidos de gordura saturada e de ácidos graxos trans. A gordura vegetal hidrogenada, veículo convencional para a aromatização de salgadinhos, foi substituída parcial ou totalmente por óleo de canola gerando um produto com 76,8% de redução da gordura saturada em relação aos salgadinhos comercialmente disponíveis, além de apresentar ausência de ácidos graxos trans.

As principais preocupações com os efeitos dos ácidos graxos trans na saúde têm aumentado, uma vez que esses isômeros são estruturalmente similares às gorduras saturadas, modificam as funções metabólicas das gorduras poliinsaturadas e competem com os ácidos graxos essenciais em vias metabólicas complexas.

Os isômeros cis são mais rapidamente metabolizados como fonte de energia que os trans, e são preferencialmente incorporados em fosfolipídios estruturais e funcionais. Em humanos, a incorporação de isômeros trans nos tecidos depende da quantidade ingerida, do tempo de consumo desse tipo de gordura, da quantidade de ácidos graxos essenciais consumida, do tipo de tecido e do tipo de isômero (configuração e posição da dupla ligação na cadeia). Os teores encontrados em tecidos adiposos refletem o consumo por longo período de tempo, apresentando normalmente correlação com o histórico de ingestão por mais de um ano.

Os efeitos metabólicos dos ácidos graxos trans são pouco conhecidos. Segundo Chiara, Sichieri e Carvalho (2003), os ácidos graxos trans foram incluídos entre os lipídios dietéticos que atuam como fatores de risco para doença arterial coronariana, modulando a síntese do colesterol e suas frações e atuando sobre os eicosanóides.

Para Mendes et al. (1998), existem fortes indícios de que a ingestão de alimentos contendo altos teores de ácidos graxos trans afeta o metabolismo das lipoproteínas e possivelmente altera a síntese do ácido araquidônico, através de sua interferência no metabolismo dos ácidos graxos essenciais. Possuem, ainda, propriedades físicas, químicas e metabólicas comparáveis à dos ácidos graxos saturados. Entretanto, em pesquisa realizada para avaliar a incorporação de ácidos graxos trans no fígado e coração de ratos, não foi observado efeito inibitório dos ácidos graxos trans no fígado sobre a formação dos ácidos araquidônico e docosahexaenóico.

Chiara, Sichieri e Carvalho (2003), após analisarem os teores de ácidos graxos trans, saturados, monoinsaturados e poliinsaturados, em batatas fritas, biscoitos e sorvetes consumidos na cidade do Rio de Janeiro, concluíram que se deve dar maior atenção à ingestão de ácidos graxos trans, pois eles estavam presentes em todos os alimentos estudados e, ainda, verificaram que alguns produtos apresentaram, em 100 gramas, teores de ácidos graxos trans superiores aos recomendados para a ingestão total diária em diversos países.

Silva et al. (2005) compararam os efeitos metabólicos de dietas distintas à base de óleo de palma e gordura hidrogenada e verificaram que a substituição da gordura vegetal hidrogenada pelo óleo de palma, desde a lactação até a idade jovem, em ratos machos alterou o metabolismo lipídico. Os resultados demonstraram que os lipídios dietéticos ricos em ácidos graxos trans e ácido esteárico, presentes nas gorduras hidrogenadas, promoveram aumento significativo nos níveis de colesterol e triacilglicieróis quando comparados às gorduras saturadas ricas em ácido palmítico.

Para Manfroi e Franco (2005), existem fortes evidências

demonstrando uma relação positiva entre a ingestão de ácidos graxos trans e a doença arterial coronariana (DAC), não apenas elevando as concentrações sangüíneas de lipoproteína de baixa densidade (LDL), mas também reduzindo, no plasma, os níveis de lipoproteína de alta densidade (HDL). Segundo os autores, por não haver conhecimento dos benefícios nutricionais dos ácidos graxos trans e da existência de possíveis efeitos adversos para a saúde cardiovascular, tornam-se necessárias políticas de saúde pública com o objetivo de implantar ações para minimizar o seu consumo e fazer com que as informações sobre o conteúdo nos alimentos estejam disponíveis para os consumidores.

Segundo Cibeira e Guaragna (2006), o padrão da dieta ocidental, rica em alimentos processados e provenientes dos fast foods, cujo teor de gordura saturada e trans é bastante elevado, está contribuindo, provavelmente, para o aumento das taxas da incidência de câncer de mama.

2.3 Ácidos graxos $\omega 3$ e $\omega 6$

Os lipídios da dieta são fontes de ácidos graxos essenciais para o organismo humano. De acordo com Ferrer (2000), os ácidos graxos essenciais para o ser humano são o ácido α-linolênico (C18:3, $\omega 3$) e linoléico (C18:2, $\omega 6$), em que a primeira dupla ligação está situada a três e a seis carbonos, respectivamente, do grupo metil inicial.

São chamados de ácidos graxos essenciais aqueles que, contrariamente a todos os outros, não podem ser produzidos pelo homem em seu organismo através do metabolismo próprio. Verifica-se, com isso, que esses ácidos graxos são essenciais à vida e devem ser ingeridos através dos alimentos diariamente.

Os ácidos graxos $\omega 3$ são ácidos poliinsaturados que possuem a primeira dupla ligação entre o terceiro e quarto átomo de carbono contando a partir do grupo metílico terminal da molécula de ácido graxo. Os três principais ácidos $\omega 3$ são o ácido α-linolênico, o ácido docosahexaenóico (DHA) e o ácido eicosapentaenóico (EPA).

O ácido α-linolênico contém 18 carbonos e três duplas ligações em sua cadeia, sendo considerado a principal fonte de ácidos ω3 de origem vegetal. O DHA (C22:6) e o EPA (C20:5) são ácidos graxos ω3 de cadeia longa encontrados em produtos de origem marinha. O ácido α-linolênico pode ser metabolizado a DHA e EPA por meio de processos enzimáticos que envolvem aumento no tamanho e no grau de insaturação da cadeia. O aumento na insaturação da cadeia é alcançado pela adição de duplas ligações entre a dupla ligação já existente e o grupo carboxílico. O processo enzimático de dessaturação do ácido α-linolênico em EPA e DHA é ineficiente, com taxas de conversão menores que 1%, existindo, ainda, evidências de que esta atividade enzimática em humanos decresce com a idade.

O ácido linoléico (C18:2 ω6) também é metabolizado, por processo semelhante, a ácido araquidônico (C20:4). Os ácidos α-linolênico e linoléico competem pelas mesmas enzimas para metabolizar seus respectivos ácidos graxos de cadeia longa. Como o ácido α-linolênico tem maior afinidade por estas enzimas, o aumento na ingestão deste ácido graxo reduz e pode até mesmo inibir a produção de ácido araquidônico. O excesso de ácidos graxos ω6 estimula a formação do ácido araquidônico precursor de prostaglandinas e eicosanóides. Embora certa quantidade deste ácido seja essencial, altas concentrações podem ser responsáveis pelo aumento na incidência de artrites e outras doenças inflamatórias crônicas.

A competição enzimática entre os ácidos ω3 e ω6 também ocorre durante a síntese dos eicosanóides. Em geral, os eicosanóides sintetizados a partir dos ácidos graxos ω3 apresentam atividades diferentes daqueles derivados dos ácidos ω6. Enquanto os ácidos ω3 originam eicosanóides com atividades antinflamatória, anticoagulante, vasodilatadora e antiagregante, os eicosanóides originados dos ácidos ω6 são estimulantes do sistema imune, vasoconstritores e pró-coagulantes. Assim, o consumo de ácidos ω3 e ω6 determina os tipos e quantidades de eicosanóides produzidos pelo organismo e interfere potencialmente nos processos fisiológicos influenciado pelos mesmos.

Segundo Mendes et al. (1998), tanto os $\omega 3$ quanto os $\omega 6$ apresentam efeito hipocolesterolêmico e reduzem os níveis de LDL. A ação dos mesmos se dá por modificação na composição das membranas celulares e das lipoproteínas, além de induzir o aumento da excreção biliar e fecal do colesterol, reduzindo a síntese de VLDL (lipoproteína de muito baixa densidade) no fígado.

Para Castro-González (2002), os efeitos benéficos do ácido graxo $\omega 3$ são evidentes. Segundo o autor, a importância de manter os níveis adequados de EPA e DHA durante a gestação e o crescimento dos bebês é primordial para manter um bom desenvolvimento e funcionamento do cérebro e da retina. Além disso, sabe-se que os $\omega 3$ são essenciais para o crescimento e desenvolvimento normal e também para a prevenção e tratamento de diversas patologias como doenças cardiovasculares, diabetes tipo II, câncer, colite ulcerativa, doença de Crohn, doença pulmonar obstrutiva crônica, nefropatias, psoríase, artrite reumatóide e atua também sobre o sistema nervoso, sendo que a maior parte da incidência está relacionada com a redução do risco de desenvolvimento de doenças cardiovasculares.

Patin et al. (2006), sabendo da importância dos ácidos graxos poliinsaturados da série $\omega 3$ para o adequado desenvolvimento do recém-nascido, estudaram a influência da ingestão da sardinha na composição do leite materno. Os autores verificam que a ingestão de 100 g de sardinha, duas a três vezes por semana, pela nutriz, contribui para o aumento dos ácidos graxos da série $\omega 3$ no leite materno.

Campos et al. (2002) realizaram um trabalho no qual foram estudados os efeitos da administração endovenosa de emulsões lipídicas enriquecidas com ácidos graxos $\omega 3$ em colite experimental aguda. Avaliando-se as alterações histológicas e inflamatórias induzidas por variações na razão de $\omega 3/\omega 6$, verificaram que utilizando triacilgliceróis de cadeia longa com baixa proporção de $\omega 3/\omega 6$ não houve modificação nas alterações inflamatórias do quadro clínico. Por outro lado, a associação de triacilgliceróis de cadeia curta e de cadeia longa na proporção de 1:3 determinou grande impacto benéfico, atenuando as conseqüências morfológicas e inflamatórias e diminuindo as concentrações teciduais de eicosanóides pró-inflamatórios.

Para Cibeira e Guaragna (2006), após avaliarem os lipídios como fatores de risco para o desenvolvimento do câncer de mama, verificaram que o elevado consumo de $\omega3$ nos países orientais é visto como fator protetor contra o risco da doença, à medida que a relação $\omega6/\omega3$ é de, aproximadamente, 1-2:1.

3

ASPECTOS NUTRICIONAIS

Os lipídios passaram a ocupar um papel relevante na dieta ao demonstrar-se, em 1929, que os ácidos graxos presentes nas matérias graxas, tais como os ácidos linoléico e araquidônico, eram essenciais para o organismo humano. Paulsrud et al. (1972) propuseram quadros clínicos de deficiência de ácidos graxos essenciais em humanos, especialmente na área pediátrica, quando lactantes foram alimentadas com fórmulas pobres em gordura e surgiram sintomas característicos da deficiência: pele seca e escamosa, eczema e irritabilidade.

Outro fator que auxiliou na detecção dos sintomas de deficiência de ácidos graxos em humanos foi o surgimento da alimentação parenteral baseada em soluções de aminoácidos e glicose. Pacientes impossibilitados de alimentar-se por via enteral eram submetidos a longos períodos de tratamento com alimentação parenteral e, quando as reservas em ácidos graxos essenciais próprias do organismo se esgotavam, surgiam os sintomas da deficiência. Tal fato obrigou diferentes laboratórios farmacêuticos a desenvolver formulações lipídicas para alimentação parenteral.

A partir da década de 60, uma série de investigações foi desencadeada ao demonstrar-se que a partir dos ácidos graxos essenciais se sintetizavam, em sítios distintos do organismo animal, substâncias que apresentavam papéis fisiológicos importantes e específicos. Estas substâncias foram denominadas genericamente de eicosanóides e englobam as prostaglandinas, prostaciclinas, tromboxanos e leucotrienos. Estudos posteriores com relação à interferência destes compostos em diferentes níveis da organização celular relacionaram os mesmos com importantes eventos fisiológicos como trombose, artrite e câncer.

De acordo com Silva et al. (2005), ainda por volta da década de 60, em decorrência dos efeitos aterogênicos causados pelo consumo elevado de lipídios saturados, preconizou-se a substituição de grande parte dos ácidos graxos saturados da dieta por ácidos graxos poliinsaturados e, conseqüentemente, a substituição da manteiga, pela margarina, e da banha, por gorduras hidrogenadas. Entretanto, a margarina e as gorduras vegetais parcialmente hidrogenadas são fontes relevantes de ácidos graxos trans.

Neste mesmo período surgiram estudos correlacionando a quantidade e tipo de ácidos graxos presentes na dieta com o teor de colesterol e de lipídios sangüíneos. As principais conclusões foram que o aumento de ácidos graxos poliinsaturados na dieta, principalmente ácido linoléico, diminuía o colesterol sangüíneo e que o aumento no consumo de ácidos graxos saturados elevava o nível de colesterol. Os ácidos graxos monoinsaturados teriam um comportamento neutro, ou seja, a retirada ou adição dos mesmos da dieta não afetava o nível de colesterol sérico.

A partir desta época, pesquisas clínicas e nutricionais sobre a relação da quantidade e qualidade de lipídios na dieta, colesterol, aterosclerose e doenças cardíacas geraram múltiplas publicações. Resumidamente, pode-se dizer que algumas matérias graxas, como manteiga e demais gorduras de origem animal, foram consideradas nocivas à saúde e iniciou-se a "época de ouro" para os óleos e azeites vegetais, principalmente os ricos em ácido linoléico como os óleos de milho, girassol e soja. Os óleos vegetais ricos em ácido oléico, como o tradicional azeite de oliva, foram colocados em segundo plano.

Em 1972, pesquisa realizada na Groelândia mostrou que os esquimós não apresentavam alta incidência de mortes por infarto do miocárdio, embora tivessem um consumo de matéria graxa muito alta, cerca de 40% das calorias totais da dieta. Mesmo apresentando consumo de colesterol duas vezes maior que o recomendado, os níveis séricos de colesterol, lipoproteínas de alta densidade (HDL) e lipoproteínas de baixa densidade (LDL) dos esquimós mostraram-se mais equilibrados que os encontrados na população dinamarquesa. A explicação para tal situação foi relacionada à qualidade da matéria graxa consumida pelos esquimós, uma vez que não foi verificada a existência de um fator genético determinante.

Efetivamente, a origem da matéria graxa consumida era quase que exclusivamente marinha, sendo que a mesma diferenciava-se substancialmente da composição das matérias graxas vegetais e de animais terrestres por apresentar predomínio de ácidos graxos da família ω3, sendo os mais importantes os ácidos EPA e DHA.

Desde então, o EPA passou ser o principal objetivo de inúmeros trabalhos de investigação científica. Foi demonstrado que ele origina prostaglandinas, tromboxanos e leucotrienos, e contribui, desta forma, com a regulação da função plaquetária no organismo animal. Assim, descobriu-se porque os esquimós morriam com maior freqüência de acidentes hemorrágicos, resultado da redução da agregação plaquetária e da coagulação sangüínea.

Ainda neste período, foi demonstrado que os ácidos graxos ω3 de cadeia longa como o EPA e o DHA são fundamentais para o organismo humano, interferindo em uma série de processos fisiológicos. O DHA, por exemplo, está particularmente relacionado com o desenvolvimento e o perfeito funcionamento dos sistemas nervoso e visual, uma vez que faz parte das estruturas lipídicas do cérebro e da retina.

A transferência de DHA ao feto e ao lactente através da placenta e do leite materno é um tema bastante estudado nos últimos anos. Estudos indicam que o desenvolvimento mental e a acuidade visual de bebês são positivamente afetados pelo aleitamento materno. Neste sentido, é desejável que o leite materno apresente teor de DHA de aproximadamente 30 mg/100 g, uma vez que o leite proveniente de outros mamíferos, como vaca, ovelha e cabra, contém quantidades mínimas deste ácido graxo. Os níveis de DHA no leite materno variam consideravelmente conforme a dieta da lactante.

Pesquisas recentes têm demonstrado que o DHA não é requerido apenas na primeira etapa da vida. Tem-se verificado que as quantidades de DHA nas membranas de células em indivíduos que sofrem de mal de Parkinson, doença de Alzheimer, depressão e esquizofrenia são muito baixas. Estudos epidemiológicos indicam que existe uma relação inversa entre o consumo de peixe e a prevalência de enfermidades depressivas. Além disso, algumas pesquisas com indivíduos saudáveis mostram que uma concentração plasmática baixa de DHA afeta os níveis de serotonina no cérebro, estando estes baixos níveis de serotonina relacionados com comportamento suicida.

Efeitos benéficos do consumo de ácidos graxos ω3 em processos inflamatórios como reumatismo, asma, psoríase e algumas nefropatias têm sido discutidos. Embora sejam necessários maiores estudos para demonstrar os benefícios clínicos, em geral o consumo de ácidos graxos ω3 alivia alguns sintomas destas enfermidades já que os eicosanóides derivados destes ácidos são menos potentes em seus efeitos proinflamatórios. Estudo recente mostrou que os ácidos graxos ω6 promovem – enquanto que os ácidos ω3 inibem – inflamações mediadas por leucotrienos, as quais levam ao desenvolvimento da aterosclerose.

As mulheres japonesas ainda apresentam um índice relativamente baixo de câncer de mama, índice que vem, entretanto, aumentando nos últimos anos. Este aumento na taxa de mortalidade por câncer de mama tem sido acompanhado por mudanças na dieta, principalmente no consumo de gorduras que passou de 9% em 1955 para 25% em 1987. Outras mudanças ocorridas na alimentação das mulheres japonesas foram o maior consumo de carne vermelha, o uso de óleos vegetais ricos em ácido linoléico, o decréscimo no consumo de peixe e o aumento do consumo de ω6:ω3. Sasaki, Horacsek e Kesteloot (1993) analisaram, por regressão múltipla, dados obtidos em 30 países, incluindo Japão, e obtiveram uma correlação negativa entre a taxa de mortalidade por câncer de mama e o consumo de peixe.

A proliferação de diversos tipos de tumores é estimulada pelo ácido araquidônico, precursor de prostaglandinas. Os efeitos benéficos do consumo de óleo de peixe na prevenção do câncer devem-se aos ácidos EPA e DHA, que inibem a síntese destes eicosanóides a partir do ácido araquidônico.

Um estudo relacionou os níveis séricos de colesterol e outras frações lipídicas com os hábitos alimentares e outros fatores de risco para o desenvolvimento de doenças cardiovasculares. Apesar de se observar uma contribuição excessiva das gorduras sobre a ingestão energética, a mortalidade por cardiopatias mostrou-se baixa na Espanha e outros países do Mediterrâneo. Tem sido sugerido que o alto teor de MUFAs (cerca de 16%), especialmente de ácido oléico, seja responsável por esta proteção. Além disso, a nível plasmático, o ácido oléico é responsável por uma redução dos triglicérides, do colesterol total e da LDL, sendo, ainda, capaz de elevar a concentração da HDL.

Tanto os produtos de origem vegetal quanto de origem animal contêm gordura que, quando ingerida com moderação, é importante para o adequado crescimento, desenvolvimento e manutenção da boa saúde. Como componente alimentar, a gordura oferece sabor, consistência, estabilidade e sensação de saciedade.

Sob condições de fritura, os óleos e gorduras são levados à formação de inúmeros isômeros geométricos trans dos ácidos graxos oléico, linoléico e α-linolênico. Há consenso sobre a significância dos ácidos graxos trans na nutrição humana, particularmente quando se refere a seus efeitos negativos no perfil das lipoproteínas, com implicações desfavoráveis na aterosclerose. Há evidências de que modesta ingestão de ácidos graxos trans pode afetar o perfil das lipoproteínas, aumentando a LDL, diminuindo a HDL e aumentando a lipoproteína a (Lpa). Os ácidos graxos trans vêm sendo associados com o aumento de triglicérides no plasma sangüíneo. Este efeito tem sido observado através da substituição de ácidos graxos com a configuração cis por ácidos graxos trans, em uma mesma dieta. Hu, Manson e Willett (2001) sugeriram uma provável contribuição deste efeito na elevação do risco de doenças cardiovasculares. Entretanto, alguns autores não têm verificado diferenças significativas entre os níveis de triglicerídios avaliados. Diversos estudos têm avaliado a influência da elevada ingestão de ácidos graxos trans sobre os níveis da Lpa, considerada um fator de risco para doenças cardiovasculares. Segundo Lippi e Guidi (1999), a Lpa provavelmente atua inibindo competitivamente o plasminogênio, o que impossibilita a sua ativação em plasmina, uma enzima responsável pela degradação da fibrina.

O aumento do consumo de alimentos contendo níveis elevados de ácidos graxos trans pode, além das implicações nutricionais apresentadas, ter como conseqüência direta a redução da ingestão de ácidos graxos essenciais, favorecendo o desenvolvimento de síndromes relacionadas com a deficiência destes ácidos graxos.

4
RECOMENDAÇÕES DIETÉTICAS

As últimas recomendações em relação aos lipídios para indivíduos com doenças cardiovasculares pré-existentes são: consumo de 25 a 35% de lipídios com menos de 7% de ácidos graxos saturados, até 10% de ácidos graxos poliinsaturados e menos que 200 mg de colesterol por dia. No entanto, a recomendação de consumo para a população em geral é de até 30% de gorduras, sendo até 10% de ácidos graxos saturados, 10% de ácidos graxos poliinsaturados e menos que 300 mg de colesterol por dia.

Para os ácidos graxos essenciais, recomenda-se que 1 a 2% das calorias diárias consumidas sejam fornecidas pelo ácido linoléico (ω6), prevenindo assim a deficiência dos ácidos graxos essenciais. De acordo com Turatti (2000), a necessidade diária mínima de ácido linoléico (ω6), proveniente da dieta, para o homem normal é de 2,5 a 2,8 g. Já para os ácidos graxos α-linolênico (ω3), ainda não há um consenso mundial de qual deve ser a recomendação para o consumo diário. As seguintes quantidades de consumo diário de ácidos graxos ω3 podem ser sugeridas, conforme a idade: 0-12 meses: 0,5 g; 12-24 meses: 0,6 g; 2-10 anos: 0,7-1,0 g; 10-18 anos: 1,5 g; mais de 20 anos: 1,1 g. Entretanto, existem diferentes recomendações para os ácidos graxos ω3, provenientes de países ou organizações internacionais. Nos Estados Unidos sugere-se que a ingestão de ácido α-linolênico (ω3) seja de 2,2 g/dia, e que o EPA e o DHA, combinados atinjam 0,65 g/dia, mas estes dois juntos não devem ultrapassar 6,7 g/dia. No Canadá e Reino Unido estabeleceram-se recomendações de consumo para os ácidos graxos α-linolênico (ω3); no primeiro, recomenda-se a ingestão de 1,2 a 1,6 g/dia, independente do tipo; e, no segundo, recomenda-se 1% das calorias consumidas de ácido α-linolênico e 0,5% da combinação de EPA e DHA.

As maiores organizações de saúde dos Estados Unidos para prevenção e tratamento de dislipidemias, hipertensão e doenças cardiovasculares têm proposto a proporção de 1:2:1,5 para ácidos graxos saturados, monoinsaturados e poliinsaturados, respectivamente.

Há dez anos, a Organização Mundial da Saúde (OMS), reconhecendo o impacto negativo sobre a saúde que a gordura trans acarreta, recomenda a ingestão moderada desse tipo de gordura. Com base em estudos epidemiológicos recentes, recomenda que o consumo máximo desse tipo de gordura não seja superior a 1% das calorias totais. Alguns países como França, Canadá, Inglaterra, Dinamarca, Nova Zelândia e outros têm recomendado o consumo de 2 a 5% de gordura trans em relação à ingestão total de energia diária.

No Brasil, uma portaria do Ministério da Saúde de 1997 estabeleceu que a quantidade de gordura trans em alimentos deve ser classificada como gordura saturada, permanecendo desconhecidos os teores específicos. A Agência Nacional de Vigilância Sanitária (Anvisa) lançou uma portaria obrigando as indústrias alimentícias a declararem o teor específico de gordura trans no rótulo dos alimentos. Quantidades inferiores a 0,2 g de gorduras trans por porção do alimento poderão ser desconsideradas ou declaradas como insignificantes. As indústrias produtoras de alimentos tiveram prazo até 31 de Julho de 2006 para adequar o rótulo de seus produtos.

O consumo diário recomendado de gordura trans para indivíduos saudáveis ainda não foi estabelecido, mas estudos iniciados na década de 90 identificaram alguns malefícios da gordura trans. No entanto, o FDA (Food and Drug Administration) reconhece que é praticamente impossível eliminar por completo esse tipo de gordura da alimentação, pois ela está presente em itens importantes como carne e leite, por exemplo. De acordo com o FDA, eliminar totalmente a gordura trans requer mudanças radicais na dieta, o que pode causar ingestões insuficientes de nutrientes e criar riscos para a saúde.

Mudanças na composição de ácidos graxos na dieta humana desde o período Paleolítico até os dias atuais foram discutidas por

Simopoulos (1991). Em tempos remotos, consumiam-se pequenas, mas aproximadamente iguais quantidades de ácidos graxos ω6 e ω3, enquanto que nos dias atuais a dieta humana apresenta teor excessivo de ácidos graxos ω6.

A dieta nos países ocidentais é bastante rica em ácidos graxos ω6, apresentando uma razão de consumo de ω6:ω3 de 10-20:1. Este baixo consumo de ácidos graxos ω3 pode ser explicado pelo decréscimo na ingestão de peixe pela população e, principalmente, pela utilização de rações animais ricas em ácidos graxos ω6, levando à produção de carne e ovos com elevados teores de ácidos ω6 e pobres em ácidos ω3. Além disso, vegetais cultivados contêm menor quantidade de ácidos graxos ω3 do que as plantas silvestres.

Evidências indicam que um aumento no consumo de ácido linoléico juntamente com a elevada razão de consumo de ω6:ω3 é o principal fator de risco no desenvolvimento de trombose, câncer, apoplexia, alergias e outras doenças inflamatórias. Com base nesta evidência tem-se recomendado razões de 2:1 e 3:1 no consumo de ácidos graxos ω6:ω3, refletindo aquelas encontradas nas dietas japonesa e mediterrânea onde a incidência de doenças cardiovasculares é historicamente baixa.

Aumentos no consumo de EPA e DHA de três para mais de vinte gramas têm apresentado efeitos nos triglicérides plasmáticos, agregação plaquetária, pressão sangüínea e diversos tipos de inflamações. No entanto, existe pouca informação com relação aos efeitos biológicos produzidos pelo consumo de baixas quantidades, menores que 1 g/dia, de EPA e DHA.

A ingestão de altas concentrações de EPA e DHA por um longo período de tempo pode conduzir a hipervitaminoses A e D, assim como elevar a glicemia em diabéticos e a pressão arterial em hipertensos susceptíveis. O consumo de peixe duas ou três vezes por semana é uma recomendação dietética para toda a população sendo que o consumo de óleo de peixe em doses de até 3 g/dia é benéfico para diabéticos, hipertensos e hipertrigliceridêmicos como tratamento coadjuvante, além de diminuir a agregação plaquetária e reduzir a síntese de mediadores químicos de inflamações. A quantidade de peixe que precisa ser consumida para obter esta dose efetiva é bastante elevada, sendo que, na prática, só é alcançada mediante o consumo de suplementos ou alimentos enriquecidos com ácidos graxos $\omega 3$.

Na Europa, o cálculo aproximado do consumo de ácidos graxos $\omega 3$ é de 0,1 a 0,5 g por dia. Estas quantidades são elevadas com relação ao consumo estimado de DHA e EPA nos Estados Unidos (0,1 a 0,2 g/dia), porém reduzidas se comparadas aos dados de ingestão estimados no Japão (2 g/dia), onde o peixe é um dos alimentos mais consumidos.

Com relação às recomendações nutricionais de ingestão de ácidos graxos $\omega 3$, a Sociedade Internacional para o Estudo de Ácidos Graxos e Lipídios sugere a quantidade de 0,65 g/dia de DHA e 1 g/dia de ácido α-linolênico.

A Sociedade Americana do Coração (SAC) propôs o consumo, pelo menos duas vezes por semana, de peixe ou outros alimentos ricos em ácidos $\omega 3$ para adultos saudáveis. Pacientes com doenças coronarianas devem consumir diariamente refeições que contenham ácidos graxos $\omega 3$ ou ingerir suplementos alimentares. A Tabela 4 apresenta um resumo das recomendações nutricionais para ácidos graxos $\omega 3$ estabelecidas pela SAC.

A Organização para Agricultura e Alimentação e a Organização Mundial de Saúde recomendam uma ingestão de lipídios saturados menor que 10% e de lipídios monoinsaturados entre 15 e 30% da energia total da dieta. Além disso, os ácidos graxos poliinsaturados totais devem representar de 6 a 10% e os ácidos graxos $\omega 3$ de 1 a 2% da energia total diária.

A Sociedade Brasileira de Alimentação e Nutrição (SBAN) recomenda que o limite máximo de gordura na dieta seja de 30% e o mínimo de 20%, sugerindo ainda uma proporção aproximadamente igual de ácidos graxos saturados, monoinsaturados e poliinsaturados. Com relação ao porcentual de consumo de ácidos graxos das famílias $\omega 6$ e $\omega 3$ separadamente, a sugestão é de que os $\omega 6$ perfaçam um valor de 1 a 2% do total energético da dieta, e os $\omega 3$

Efeitos dos Ácidos Graxos na Saúde Humana

compreendam entre 10 a 20% dos ácidos graxos poliinsaturados contidos na mesma.

Tabela 4 – Resumo das recomendações de consumo de ácidos graxos ω3.

Pacientes	Recomendações
Sem histórico de doenças cardiovasculares	Consumir peixe pelo menos duas vezes por semana, além de alimentos ricos em ácido α-linolênico como óleo ou semente de linhaça, óleo de canola, óleo de soja e nozes.
Com histórico de doenças cardiovasculares	Consumir 1 g diário de EPA e DHA, utilizando como fonte preferencialmente peixe ou óleo de peixe. O uso de suplementos pode ser utilizado sob prescrição
Hipertrigliceridêmicos	Consumir 1 g diário de EPA e DHA, utilizando como fonte preferencialmente peixe ou óleo de peixe. O uso de suplementos pode ser utilizado sob prescrição médica. Consumir sob acompanhamento médico 2 a 4 g de EPA e DHA diariamente na forma de suplemento alimentar.

Fonte: KRIS-ETHERTON, HARRIS; APPEL (2002).

5

FONTES DE ÁCIDOS GRAXOS

Os isômeros geométricos trans de ácidos graxos insaturados são formados no processo de fritura, assim como no refino de óleos e no processo de hidrogenação, por mecanismo induzido termicamente. São identificados em vários tipos de alimentos como, por exemplo, em margarinas vegetais, massas e recheios de biscoitos, nas formulações de bases para sopas e cremes, nos produtos de panificação, nas coberturas para adesão de especiarias e açúcares, entre outros.

Segundo Larqué, Zamora e Gil (2001), os alimentos contendo gordura parcialmente hidrogenada contribuem com cerca de 80 a 90% da ingestão diária de ácidos graxos trans. Para alimentos provenientes de animais ruminantes esta contribuição é bem menor, sendo estimada em torno de 2 a 8%. Os óleos refinados apresentam níveis razoavelmente pequenos de ácidos graxos trans, mas a reutilização, principalmente no preparo de alimentos fritos, pode tornar significativa a sua contribuição na ingestão diária de ácidos graxos trans.

O grande interesse em utilizar gorduras hidrogenadas na produção de alimentos deve-se ao desenvolvimento de gorduras cada vez mais específicas, com o objetivo de melhorar as características físicas e sensoriais dos alimentos. Com o desenvolvimento da interesterificação enzimática tem sido possível a produção de margarinas livres de isômeros trans.

Chiara, Sichieri e Carvalho (2003) determinaram os teores de ácidos graxos trans, saturados, monoinsaturados e poliinsaturados em batatas fritas, biscoitos e sorvetes, através de cromatografia gasosa. Concluiu-se que alguns produtos apresentaram, em 100 g, teores de ácidos graxos trans superiores aos recomendados para ingestão total diária de diversos países. Romero, Cuesta e Sánchez-Muniz (2000) avaliaram a formação de ácidos graxos trans em alimentos congelados, como peixe, atum, croquete e batata, fritos com diferentes tipos de óleos vegetais, em vinte operações de fritura, com e sem reposição de óleo. Isômeros trans de ácidos graxos foram encontrados em abundância em todos os casos, porém foi concluído que a reposição lipídica freqüente contribuiu com a melhora da qualidade dos alimentos fritos, devido a menor quantidade de ácidos graxos trans.

O óleo de linhaça é considerado, entre os óleos vegetais, a fonte mais rica de ácido α-linolênico (57%), precursor dos ácidos graxos ω3. As sementes de colza e soja, o gérmen de trigo e as nozes contêm entre 7 e 13% de ácido α-linolênico.

Alguns autores consideram as verduras, entre elas espinafre e alface, como boa fonte de ácido α-linolênico, embora o conteúdo de lipídios nestes alimentos seja bastante baixo. A beldroega, popularmente conhecida como ora-pro-nobis, é considerada a maior fonte de ácidos graxos ω3 entre todos os vegetais folhosos já pesquisados. Enquanto o espinafre e a alface apresentam 0,89 e 0,26 mg/g de ácido α-linolênico, respectivamente, a beldroega possui 4,05 mg/g deste ácido graxo.

Os produtos carneos e lácteos, particularmente aqueles provenientes de animais ruminantes, também proporcionam ácido α-linolênico. A pecuária moderna, entretanto, tem originado um decréscimo no conteúdo de ácidos graxos ω3 da carne, especialmente de cordeiro e vaca, devido ao uso generalizado de rações animais ricas em ácidos graxos ω6.

As fontes mais ricas de ácidos graxos ω3 (EPA e DHA) são os peixes de águas profundas denominados peixes de carne azul. Entre as espécies mais ricas em ω3 estão a sardinha com 3,3 g/100 g, o arenque com 1,7 g/100 g, a anchova e o salmão, ambos com 1,4 g/100 g de peixe cru. Alguns óleos de peixes de água doce contêm níveis relativamente baixos de EPA, porém quantidades elevadas de ácido araquidônico, comparado com óleos provenientes de peixes de água salgada. O alto conteúdo de EPA e DHA em peixes é conseqüência do consumo de fitoplâncton, rico em ácido graxo ω3, que contribui para a adaptação dos peixes em

Efeitos dos Ácidos Graxos na Saúde Humana

águas frias. A quantidade de ácidos graxos ω3 varia em função da espécie do peixe, localização, estação do ano e disponibilidade de fitoplâncton.

Muitas vezes a dificuldade na obtenção de peixes e seus preços elevados leva o consumidor a preferir outros alimentos de maior comodidade e menor preço. Atualmente, a indústria de alimentos produz inúmeros alimentos enriquecidos com ácidos graxos ω3, como, por exemplo, produtos de panificação, margarinas, ovos, sucos, embutidos, leites e derivados. A produção de alimentos enriquecidos com ácidos graxos ω3 é tecnicamente difícil e requer métodos especiais para produzir óleo de peixe sem odor ou sabor característico. Além disso, os ácidos graxos ω3 são muito susceptíveis à oxidação e reagem muito rapidamente quando expostos a condições ou agentes oxidantes como o oxigênio do ar. Por esta razão, ao adicionar-se óleo de peixe em alimentos deve-se utilizar conjuntamente um antioxidante, sendo o mais utilizado a vitamina E.

Apesar do grande número de produtos alimentícios enriquecidos com ácidos graxos ω3 disponíveis no mercado, ainda existem poucos estudos sobre o efeito do consumo regular destes produtos para a saúde. Pesquisas nutricionais realizadas com ovos enriquecidos com ácidos ω3 mostraram que o consumo regular dos mesmos não produziu aumento característico no colesterol plasmático comumente verificado pelo consumo de ovos não enriquecidos. Estudo do consumo de um produto lácteo enriquecido com ácidos graxos ω3, ácido oléico, vitaminas E, B_6 e ácido fólico em indivíduos sadios demonstrou que a ingestão durante oito semanas de 500 mL de leite enriquecido produziu um aumento de 30% nos níveis plasmáticos de DHA e EPA. Verificou-se também uma diminuição na concentração de colesterol total, LDL e homocisteína no plasma, fatores estes considerados de risco para o desenvolvimento de doenças cardiovasculares.

A suplementação de ácidos graxos ω3 pode ser obtida por meio do consumo de óleo de peixe na forma de cápsulas (1 grama). A maioria das cápsulas disponíveis comercialmente contém 180 mg de EPA e 120 mg de DHA. Assim, três cápsulas ao dia são suficientes para prover a recomendação diária de 3 g de ácidos $\omega 3$. O óleo de peixe pode, ainda, ser encontrado na forma concentrada. Dependendo do fabricante, cada colher de chá de óleo concentrado pode conter de 1 a 3 g de ácidos graxos $\omega 3$.

Os ácidos graxos $\omega 6$ estão presentes em uma grande variedade de alimentos, sendo os óleos vegetais a sua maior fonte. As principais fontes de ácidos graxos $\omega 3$ são os peixes, moluscos, crustáceos e algas. Nos dias atuais encontram-se também inúmeros produtos enriquecidos com $\omega 3$, como óleos, produtos de panificação, leite, alimentos infantis, margarina, carnes, sardinha, dentre outros.

6

ANÁLISE DE ÁCIDOS GRAXOS

A análise de ácidos graxos em alimentos e tecidos animais não é simples. A cromatografia gasosa é uma ferramenta analítica amplamente utilizada para análise de ácidos graxos em óleos, gorduras e tecidos animais. Os ácidos graxos são determinados como ésteres metílicos. Assim, são necessárias pelo menos duas etapas de preparo da amostra: uma extração dos lipídios totais dos tecidos vegetais ou animais e esterificação dos ácidos graxos.

A separação dos isômeros cis e trans depende da coluna, da fase estacionária e dos parâmetros operacionais do equipamento, além da disponibilidade dos padrões dos ésteres metílicos dos ácidos graxos que servirão como referência para identificação dos ácidos graxos da mostra por comparação entre os tempos de retenção.

As colunas capilares de fase estacionária com polaridade elevada são indicadas para análise dos ácidos graxos cis e trans pois são capazes de separar os ésteres metílicos dos ácidos graxos pelo grau de insaturação e pela isomeria geométrica e posição das duplas ligações.

Geralmente, os ácidos graxos trans são eluídos antes do seu correspondente cis. Contudo, pode ocorrer sobreposição entre os sinais dos isômeros cis e trans com diferentes posições das duplas ligações.

O detector de ionização de chama apresenta uma quantidade mínima detectável de aproximadamente 10^{-12} g (para alcanos), uma resposta quase universal, faixa de linearidade ampla, simplicidade de operação e resposta rápida. Daí a sua grande popularidade na análise de alimentos e, em particular, nas análises da composição em ácidos graxos.

A magnitude do sinal gerado pelo detector de ionização de chama é proporcional ao número de átomos de carbono e hidrogênio na molécula que está sendo analisada, ou seja, é proporcional aos átomos de carbonos ligados a átomos de hidrogênios. Portanto, ésteres metílicos com deferentes cadeias carbônicas apresentarão diferentes respostas por este tipo de detector.

A quantificação de ácidos graxos, no Brasil, é comumente realizada pelo método da normalização, baseada na porcentagem relativa de área de um determinado ácido graxo em relação à área total de todos os ácidos. Dentre os vários métodos de identificação, destacam-se, para análise de ácidos graxos, os parâmetros baseados no tempo de retenção e a espectrometria de massa.

Tradicionalmente, o conteúdo de ácidos graxos trans era determinado por técnicas de espectroscopia do infravermelho mas que não permitiam individualmente a quantificação dos ácidos graxos. Atualmente, uma análise completa é possível de ser realizada utilizando a cromatografia gasosa combinada com outras técnicas, em particular a cromatografia em nitrato de prata, espectroscopia do infravermelho e espectrometria de massa. Outras técnicas que requerem equipamentos especiais podem ser incluídas, tais como ressonância magnética nuclear e a cromatografia com fluido supercrítico.

Considerando que cada ácido graxo tem seu próprio destino metabólico, o conteúdo total de ácidos graxos trans é de uso limitado nos estudos sobre estimativa de consumo e seus efeitos, bem como para orientação dos consumidores. Para estudos com alimentos é importante que seja incluída, como etapa preliminar obrigatória, a cromatografia de camada delgada impregnada com nitrato de prata, a fim de suprimir as sobreposições dos ácidos graxos trans na identificação dos ácidos graxos individualmente. Porém, não há unanimidade na obrigatoriedade desta etapa em estudos com tecidos humanos e animais.

A ressonância magnética nuclear é um procedimento alternativo à cromatografia gasosa para determinação dos ácidos graxos trans, permitindo uma análise mais simplificada e uma melhor resolução para os isômeros do C18:1.

Miyake e Yokomizo (1998) utilizaram a ressonância magnética nuclear para determinar a composição de gordura vegetal parcialmente hidrogenada com a finalidade de reduzir o tempo de análise, pois elimina as etapas preliminares de preparo da amostra, sendo a análise realizada diretamente com a gordura hidrogenada dissolvida em clorofórmio deuterado. Selecionando os sinais obtidos do carbono olefínico (carbono da dupla ligação) e medindo as áreas individuais dos picos do espectro da ressonância magnética nuclear, verificaram que os resultados da composição foram coincidentes aos obtidos por cromatografia gasosa das mesmas amostras com uma diferença de apenas 5%, sugerindo então que a ressonância magnética nuclear fosse empregada como um método rápido de análise para as gorduras hidrogenadas.

CONSIDERAÇÕES FINAIS

Conforme sugerem estudos analisados é necessário a conscientização da população para redução do consumo de alimentos fontes de ácidos graxos saturados e ácidos graxos trans, devido aos seus efeitos nocivos à saúde. Em contrapartida, os efeitos benéficos dos ácidos graxos $\omega 3$ e $\omega 6$ são evidentes, sendo incentivado o consumo de alimentos ricos nesses nutrientes, principalmente entre a população dos países ocidentais.

O peixe é reconhecido como a principal fonte de ácidos graxos $\omega 3$, sendo seu consumo recomendado pelo menos duas vezes por semana. Entretanto, um fator importante a ser considerado com respeito ao consumo de peixe é a proveniência deste alimento bem como sua qualidade, uma vez que algumas espécies podem conter níveis significantes de mercúrio e outros contaminantes ambientais.

Atualmente existem inúmeros alimentos enriquecidos com ácidos graxos $\omega 3$ disponíveis no mercado. O consumo destes alimentos, assim como de suplementos alimentares, pode constituir uma boa opção para aumentar a quantidade de ácidos $\omega 3$ na dieta sem alterar os hábitos alimentares dos consumidores. Entretanto, atenção deve ser dada à dosagem consumida, principalmente com relação aos suplementos encapsulados de $\omega 3$, uma vez que a ingestão excessiva de ácidos graxos poliinsaturados pode causar um acúmulo de peróxidos proveniente da oxidação lipídica no organismo.

Além disso, estudos adicionais para confirmar e definir os benefícios da suplementação alimentar, assim como do consumo regular de alimentos enriquecidos com $\omega 3$, são ainda necessários.

REFERÊNCIAS BIBLIOGRÁFICAS

APPEL, L. J. et al. Does supplementation of diet with "fish oil" reduce blood pressure: a meta-analysis of controlled clinical trials. **Archives of Internal Medicine,** Chicago, v. 153, n. 12, p. 1429-1438, Jan., 1993.

ARO, A. et al. Stearic acid, trans fatty acids, and dairy fat: effects on serum and lipoprotein, lipids apolipoproteins, lipoprotein (a), and lipid transfer proteins in health subjects. **American Journal of Clinical Nutrition,** New York, v. 65, n. 5, p. 1419-1426, May, 1997.

ASCHERIO, A.; WILLETT, W. C. Health effects of trans fatty acids. **American Journal of Clinical Nutrition,** New York, v. 66, n. 4, p. 1006-1010, Oct., 1997.

AUED-PIMENTEL, S. et al. Ácidos graxos saturados versus ácidos graxos trans em biscoitos. **Revista do Instituto Adolfo Lutz,** São Paulo, v. 62, n. 2, p. 131-137, 2003.

BANG, H.O.; DYERBERG, J. Plasma lipids and lipoproteins in greenlandic west coast eskimos. **Acta Medica Scandinavica,** Stockholm, v. 192, n. 1/2, p. 85-94, 1972.

BARÓ, L. et al. N-3 fatty acids plus oleic acid and vitamin supplemented milk consumption reduces total and LDL, cholesterol, homocysteine and levels of endothelial adhesion molecules in healthy humans. **Clinical Nutrition,** Kidlinton, v. 22, n. 2, p. 175-182, Feb., 2003.

BELL, S. J. et al. The new dietary fats in health and disease. **Journal of the American Dietetic Association,** Chicago, v. 97, n. 3, p. 280-286, Mar., 1997.

BRETILLON, L. et al. Desaturation and chain elongation of [1-14C] mono-trans isomers of linoleic and a-linolenic acids in perfused rat liver. **Journal of Lipid Research,** Bethesda, v. 39, n. 11, p. 2228-2236, Nov., 1998.

BURR, G. O.; BURR, M. M. A new deficience disease produced by the rigid exclusion of fat from the diet. **Journal of Biological Chemistry,** Bethesda, v. 82, n. 2, p. 345-367, Aug., 1929.

BURR, G. O.; BURR, M. M. On the nature and role of fatty acids essential in nutrition. **Journal of Biological Chemistry**, Bethesda, v. 86, n. 2, p. 587-561, Apr., 1930.

CAMPOS, F. G. et al. Imunonutrição em colite experimental: efeitos benéficos dos ácidos graxos ômega-3. **Arquivos de Gastroenterologia**, São Paulo, v. 39, n. 1, p. 48-54, jan./mar., 2002.

CARRERO, J. J. et al. Efectos cardiovasculares de los ácidos grasos omega-3 y alternativas para incrementar su ingesta. **Nutrición Hospitalaria**, Madrid, v. 20, n. 1, p. 63-69, enero/feb., 2005.

CASTRO-GONZÁLEZ, M. I. Ácidos grasos ômega 3: beneficios y fuentes. **Interciencia**, Caracas, v. 27, n. 3, p. 128-136, marzo, 2002.

CHIARA, V. L. et al. Ácidos graxos trans: doenças cardiovasculares e saúde materno infantil. **Revista de Nutrição**, Campinas, v. 15, n. 3, p. 341-349, set., 2002.

CHIARA, V. L.; SICHIERI, R.; CARVALHO, T. S. F. Teores de ácidos graxos trans de alguns alimentos consumidos no Rio de Janeiro. **Revista de Nutrição**, Campinas, v. 16, n. 2, p. 227-233, abr./jun., 2003.

CIBEIRA, G. H.; GUARAGNA, R. M. Lipídio: fator de risco e prevenção do câncer de mama. **Revista de Nutrição**, Campinas, v. 19, n. 1, p. 65-75, jan./fev., 2006.

COURY, S. T. **Nutrição vital**. Brasília: LGE, 2004.

COVINGTON, M. B. Omega-3 fatty acids. **American Family Physician**, Kansas City, v. 70, n. 1, p. 133-140, July, 2004.

DE GOMEZ DUMM, I. N. T.; BRENNER, R. R. Oxidative desaturation of alpha-linolenic, linoleic, and stearic acids by human liver microsomes. **Lipids**, Champaign, v. 10, n. 6, p. 315-317, June, 1975.

DIONISI, F.; GOLAY, P. A.; FAY, L. B. Influence of milk fat presence on the determination of trans fatty acids in fats used for infant formulae. **Analytica Chimica Acta**, Amsterdam, v. 465, n. 1/2, p. 395-407, Aug., 2002.

DUTRA DE OLIVEIRA, J. E.; SANTOS, A. C.; WILSON, E. D.

Nutrição básica. São Paulo: Sarvier, 1982.

DWYER, J. H. et al. Arachidonate 5-lipoxygenase promoter genotype, dietary arachidonic, and atherosclerosis. **New England Journal of Medicine,** Waltham, v. 350, n. 1, p. 29-37, Jan., 2004.

FAO/WHO. **Diet, nutrition and the prevention of chronic diseases.** Genebra: FAO/WHO, 2003. (WHO technical report series, 916).

FAO/OMS. **Grasas y aceites en la nutrición humana.** Roma: FAO/OMS, 1997.

FARRELL, D. Enrichment of hen eggs with n-3 long-chain fatty acids and evaluation of enriched eggs in humans. **American Journal of Clinical Nutrition,** New York, v. 68, n. 3, p. 538-544, Sept., 1998.

FERRER, P. A. R. Importância de los ácidos grasos poliinsaturados em la alimentación del lactante. **Archivos Argentinos de Pediatria,** Buenos Aires, v. 98, n. 4, p. 231-236, agosto, 2000.

FISBERG, R. M. et al. **Inquéritos alimentares:** métodos e bases científicos. São Paulo: Manole, 2005.

FISCHER, S. Dietary polyunsaturated fatty acids and eicosanoid formation in humans. **Advances in Lipid Research,** New York, v. 23, p. 169-198, 1989.

FRANCOIS, C. A. et al. Acute effects of dietary fatty acids on the fatty acids of human milk. **American Journal of Clinical Nutrition,** New York, v. 67, n. 2, p. 301-308, Feb., 1998.

FUENTES, J. A. G. Que alimentos convêm ao coração? **Higiene Alimentar,** São Paulo, v. 12, n. 53, p. 7-11, 1998.

GIBSON, R. A.; NEUMANN, M. A.; MAKRIDES, M. Effect of dietary docosahexaenoic acid on brain composition and neural function in term infants. **Lipids,** Champaign, v. 31, 1996. Supplement.

GUEDES, D. P. et al. Fatores de risco cardiovasculares em adolescentes: indicadores biológicos e comportamentais. **Arquivos Brasileiros de Cardiologia,** São Paulo, v. 86, n. 6, p. 439-450, jun., 2006.

GUNSTONE, F. D. **Fatty acid and lipid chemistry.** London: Chapman & Hall, 1996.

HARRIS, W. S. **Omega-3 fatty acids, thrombosis and vascular disease.** Amsterdam: Elsevier Science, 2004. (International Congress Series, v. 1262)

HIBBELN, J. R. Fish consumption and major depression. **Lancet,** Minneapolis, v. 351, n. 9110, p. 1213, Apr., 1998.

HORROCKS, L. A.; YEO, Y. K. Health benefits of docosahexaenoic acid (DHA). **Pharmacological Research,** London, v. 40, n. 3, p.211-225, Sept., 1999.

HU, F. B.; MANSON, J. E.; WILLETT, W. C. Types of dietary fat and risk of coronary hearth disease: a critical review. **Journal of American College Nutrition,** Detroit, v. 20, n. 1, p. 5-19, Feb., 2001.

INNIS, S. M. et al. Marine and freshwater fish oil varying in arachidonic, eicosapentaenoic and docosahexaenoic acids differ in their effects on organ lipids and fatty acids in growing rats. **Journal of Nutrition,** Philadelphia, v. 125, n. 9, p. 2286-2293, Sept., 1995.

JUDD, J. T. et al. Dietary trans fatty acids: effects of plasma lipids and lipoproteins on healthy men and women. **American Journal of Clinical Nutrition,** New York, v. 59, n. 4, p. 861-868, Apr., 1994.

KEYS, A. T.; ANDERSON, J. T.; GRANDE, F. Serum cholesterol response to changes in diet. IV: particular saturated fatty acids in the diet. **Metabolism,** v. 14, n. 7, p. 776-787, July, 1965.

KIM, E. M.; STEEL, C. J.; CHANG, Y. K. A influência do processamento sobre a retenção de ácidos graxos ômega-3 adicionados ao pão de forma. **Brazilian Journal of Food Technology,** Campinas, v. 8, n. 4, p. 268-276, out./dez., 2005.

KRIS-ETHERTON, P. M. et al. Fish consumption, fish oil, omega-3 fatty acids, and cardiovascular disease. **Circulation,** Baltimore, v. 106, n. 21, p. 2747-2757, Nov., 2002.

KRIS-ETHERTON, P. M. et al. Polyunsaturated fatty acids in the food chain in the United States. **American Journal of Clinical Nutrition,** New York, v. 71, n. 1, Jan., 2000. Supplement.

KRUMMEL, D. Lipídeos. In: MAHAN, L. K.; ESCOTT-STUMP, S. **Krause:** alimentos, nutrição e dietoterapia. São Paulo: Roca, 1998.

Efeitos dos Ácidos Graxos na Saúde Humana

KUNAU, W.; HOLMAN, R. Functions of polynsaturated fatty acids: biosynthesis of prostaglandins. In: KUNAU, W.; HOLMAN, R. **Polyunsaturated fatty acids.** Champaign: AOCS, 1977.

LANDS, W. E. M. et al. Changing dietary patterns. **American Journal of Clinical Nutrition,** New York, v. 51, n. 6, p. 991-993, June, 1990.

LARQUÉ, E.; ZAMORA, S.; GIL, A. Dietary trans fatty acids in early life: a review. **Early Human Development,** Amsterdam, v. 65, Nov., 2001. Supplement.

LAWSON, H. **Food oils and fat:** technology, utilization and nutrition. New York: Chapman & Hall, 1995.

LIMA, F. E. L. et al. Ácidos graxos e doenças cardiovasculares: uma revisão. **Revista de Nutrição,** Campinas, v. 13, n. 2, p. 73-80, maio/ago., 2000.

LIPPI, G.; GUIDDI, G. Biochemical risk factors and patient´s outcome: the case of lipoprotein (a). **Clinica Chimica Acta,** Amsterdam, v. 280, n. 1/2, p. 59-71, Feb., 1999.

LONGO, S. et al. Alimentação e ácidos graxos n-3 e n-6. **Arquivos Brasileiro de Cardiologia,** São Paulo, v. 77, n. 3, p. 308-310, set., 2001.

MAKRIDES, M. et al. Fatty acid composition of brain, retina, and erythrocytes in breast and formula-fed infants. **American Journal of Clinical Nutrition,** New York, v. 60, n. 2, p. 189-194, Aug., 1994.

MANFROI, W. C.; FRANCO, V. M. F. Ácidos graxos trans e a saúde cardiovascular. **Nutrição em Pauta,** São Paulo, v. 71, n. 3/4, p. 37-43, mar./abr., 2005.

MARTIN, C. A.; MATSHUSHITA, M.; SOUZA, N. E. Ácidos graxos trans: implicações nutricionais e fontes na dieta. **Revista de Nutrição,** Campinas, v. 17, n. 3, p. 361-368, jul./set., 2004.

MASSARO, M.; CARLUCCIO, M. A.; DE CATERINA, R. Direct vascular antiatherogenic effects of oleic acid: a clue to the cardioprotective effects of the mediterranean diet. **Cardiologia,** Basel, v. 44, n. 6, p. 507-513, June, 1999.

MC GANDY, R. B. et al. Dietary carbohydrate and serum cholesterol levels in man. **American Journal of Clinical Nutrition**, New York, v. 18, n. 4, p. 237-251, Apr., 1966.

MENDES, A. C. R et al. Ácidos graxos trans-isômeros: uma revisão sobre alguns aspectos tecnológicos da hidrogenação e gorduras vegetais e suas implicações nutricionais. **Higiene Alimentar,** São Paulo, v. 12, n. 57, p. 11-17, 1998.

MENSINK, R. P. et al. Effect of dietary cis and trans fatty acids on serum lipoprotein(a) levels in humans. **Journal of Lipid Research,** Bethesda, v. 33, n. 10, p. 1493-1501, Oct., 1992.

MIYAKE, Y; YOKOMIZO, K. Determination of Cis- and Trans- 18:1 fatty acid isomers in hydrogenated vegetable oils by high-resolution carbon nuclear magnetc resonance. **Journal of the American Oil Chemists' Society**, Chicago, v. 75, n. 7, p. 801-805, July, 1998.

MOREIRA, N. X.; CURI, R.; MANCINI FILHO, J. Ácidos graxos: uma revisão. **Nutrire**, São Paulo, v. 24, p. 105-123, 2002.

MORROW, J. D.; CHEN, Y.; BRAME, C. J. The isoprostanes: unique prostaglandin-like products of free radical-initiated lipid peroxidation. **Drug Metabolism Reviews**, New York, v. 31, n. 1, p. 117-139, Feb., 1999.

NASIFF-HADAD, A.; MERIÑO-IBARRA, E. Ácidos grasos omega-3: pescados de carne azul y concentrados de aceites de pescado: lo bueno y lo malo. **Revista Cubana de Medicina**, La Habana, v. 42, n. 2, p. 49-55, abr./jun., 2003.

NESTEL, P. et al. Plasma lipoprotein lipid and Lp(a) changes with substitution of elaidic acid for oleic acid in the diet. **Journal of Lipid Research**, Bethesda, v. 33, n. 7, p. 1029-1036, July, 1992.

NEURING, M.; ANDERSON, G. J.; CONNOR, W. E. The essentiality of n-3 fatty acids for the development and function of the retina and brain. **Annual Review of Nutrition**, Palo Alto, v. 8, p. 517-541, July, 1988.

NORDAY, A. Fish consumption and cardiovascular disease: a reappraisal. **Nutrition, Metabolism and Cardiovascular Diseases,**

Amsterdam, v. 6, p. 103-109, 1996.

PATIN, R. V. et al. Influência da ingestão de sardinha nos níveis de ácidos graxos poliinsaturados da série w3 no leite materno. **Jornal de Pediatria,** Rio de Janeiro, v. 82, n. 1, p. 63-69, jan./fev., 2006.

PAULSRUD, J. R. et al.. Essential fatty acid deficience in infants by fat-free intravenous feeding. **American Journal of Clinical Nutrition,** New York, v. 25, n. 9, p. 897-904, Sept., 1972.

PETTEGREW, J. W. et al. Brain membrane phospholipid alteration in Alzheimer's disease. **Neurochemical Research,** New York, v. 26, n. 7, p. 771-782, July, 2001.

RAMÍREZ-TORTOSA, M. C. et al. Olive oil and fish oil enriched diets modify plasma lipids and the susceptibility of low-density lipoproteins to oxidative modification in free-living male patients with peripheral vascular disease: the spanish nutrition study. **British Journal of Nutrition,** Cambridge, v. 82, n. 1, p. 31-39, July, 1999.

RIBEIRO, A. P. B. et al. Interesterificação química: alternativa para obtenção de gorduras zero *trans*. **Química Nova,** São Paulo, v. 30, n. 5, p. 1295-1300, set./out., 2007.

RIQUE, A. B. R; SOARES, E. A.; MEIRELLES, C. M. Nutrição e exercício na prevenção e controle das doenças cardiovasculares. **Revista Brasileira de Medicina do Esporte,** São Paulo, v. 8, n. 6, p. 244-254, nov./dez., 2002.

RODRÍGUEZ, M. B.; MEGÍAS, S. M.; BAENA, B. M. Alimentos funcionales y nutrición óptima: cerca o lejos? **Revista Española de Salud Pública,** Madrid, v. 77, n. 3, p. 317-331, mayo/jun., 2003.

ROMERO, A.; CUESTA, C.; SÁNCHEZ-MUNIZ, F. J. Trans fatty acid production in deep fat frying of frozen foods with different oils and frying modalities. **Nutrition Research,** Tarrytown, v. 20, n. 7, p. 599-608, July, 2000.

ROSE, D. L. et al. Influence of diets containing eicosapentaenoic or docosahexaenoic acid on growth and metastasis of breast cancer in nude mice. **Journal of the National Cancer Institute,** Bethesda, v. 87, n. 8, p. 587-592, Apr., 1995.

ROSE, D. P.; CONNOLLY, J. M. Omega-3 fatty acids as cancer chemopreventive agents. **Pharmacology and Therapeutics,** Oxford, v. 83, n. 3, p. 217-244, Sept., 1999.

SABARENSE, C. M. **Avaliação do efeito dos ácidos graxos trans sobre o perfil dos lipídios teciduais de ratos que consumiram diferentes teores de ácidos graxos essenciais.** 2003. 130 f. Tese (Doutorado em Ciência de Alimentos) – Faculdade de Ciências Farmacêuticas, Universidade de São Paulo, São Paulo, 2003.

SABARENSE, C. M.; MANCINI FILHO, J. Efeito da gordura vegetal parcialmente hidrogenada sobre a incorporação de ácidos graxos trans em tecidos de ratos. **Revista de Nutrição,** Campinas, v. 16, n. 4, p. 399-407, out./dez., 2003.

SANDERS, T. A. Polyunsaturated fatty acids in the food chain in Europe. **American Journal of Clinical Nutrition,** New York, v. 71, n. 1, Jan., 2000. Supplement.

SANHUEZA, J.; NIETO, S.; VALENZUELA, A. Acido docosahexaenoico (DHA), desarrollo cerebral, memória y aprendizale: la importancia de la suplementación perinatal. **Revista Chilena de Nutrición,** Santiago, v. 31, n. 2, p. 84-92, agosto, 2004.

SASAKI, S.; HORACSEK, M.; KESTELOOT, H. An ecological study of the relationship between dietary fat intake and breast cancer mortality. **Preventive Medicine,** San Diego, v. 22, n. 2, p. 187-202, Mar., 1993.

SEBEDIO, J. L. et al. Deep fat frying of frozen prefried french fries: influence of the amount of linoleic acid in the frying medium. **Journal of Agricultural and Food Chemistry,** Easton, v. 38, n. 9, p. 1862-1867, Sept., 1990.

SEBEDIO, J. L. et al. Formation of fatty acid geometrical isomers and of cyclic fatty acid monomers during the finish frying of frozen prefried potatoes. **Food Research International,** Barking, v. 29, n. 2, p. 109-116, Mar., 1996.

SHILS, M. E. et al. **Tratado de nutrição moderna na saúde e doença.** São Paulo: Manole; 2002.

SHORLAND, F. B. Is our knowledge of human nutrition soundly based? **World Review of Nutrition and Dietetics**, Basel, v. 57, p. 126-213, 1988.

SILVA, A. P. et al. Ácidos graxos plasmáticos, metabolismo lipídico e lipoproteínas de ratos alimentados com óleo de palma e óleo de soja parcialmente hidrogenado. **Revista de Nutrição,** Campinas, v. 18, n. 2, p. 229-237, mar./abr., 2005.

SIMOPOULOS, A. P. Omega-3 fatty acids and antioxidants in edible wild plants. **Biological Research**, Santiago de Chile, v. 37, n. 2, p. 263-277, 2004.

SIMOPOULOS, A. P. Omega-3 fatty acids in health and disease and in growth and development. **American Journal of Clinical Nutrition,** New York, v. 54, n. 3, p. 438-463, Sept., 1991.

SIMOPOULOS, A. P.; LEAF, A.; SALEM, N. Essentiality of and recommended dietary intakes for omega-6 and omega-3 fatty acids. **Annals of Nutrition and Metabolism,** Basel, v. 43, n. 2, p. 127-130, Mar./Apr., 1999.

SIMOPOULOS, A. P.; NORMAN, H. A.; GILLASPY, J. E. Purslane in human nutrition and its potencial for world agriculture. **World Review of Nutrition and Dietetics,** Basel, v. 77, p. 47-74, 1995.

SINCLAIR, A. J. The nutritional significance of omega 3 polyunsaturated fatty acids for humans. **ASEAN Food Journal,** Serdang, v. 8, p. 3-13, 1993.

STONE, N. J. Fish consumption, fish oil, lipids, and coronary heart disease. **Circulation**, Baltmore, v. 94, n. 9, p. 2337-2340, Nov., 1996.

SUNDRAM, K. et al. Trans (elaidic) fatty acids adversely affect the lipoprotein profile relative to specific satured fatty acids in humans. **Journal of Nutrition,** Philadelphia, v. 127, n. 3, p. 514-520, Mar., 1997.

SURAI, P. F. et al. Designer egg evaluation in a controlled trial. **European Journal of Clinical Nutrition**, London, v. 54, n. 4, p. 298-305, Apr., 2000.

TRAUTWEIN, E. A. N-3 fatty acids-physiological and technical aspects for their use in food. **European Journal of Lipid Science and Technology**, Weinheim, v. 103, n. 1, p. 45-55, Jan., 2001.

TURATTI, J. M. Óleos vegetais como fonte de alimentos funcionais. **Óleos & Grãos,** Curitiba, n. 56, p. 20-27, 2000.

TURATTI, J. M.; GOMES, R. A. R.; ATHIE, I. **Lipídeos**: aspectos funcionais e novas tendências. Campinas: ITAL; 2002.

VANNUCCHI, H. et al. Aplicações das recomendações nutricionais adaptadas à população brasileira. **Cadernos de Nutrição**, São Paulo, v. 2, n. 1, p. 63-67, 1990.

VERGROESEN, A. J.; GOTTENBOS, J. J. **The role of fats in human nutrition**. New York: Academic Press; 1975.

VISENTAINER, J. V.; FRANCO, M. R. B. **Ácidos graxos em óleos e gorduras:** identificação e quantificação. São Paulo: Varela, 2006.

WAINWRIGHT, P. Nutrition and behaviour: the role of n-3 fatty acids in cognitive functions. **British Journal of Nutrition,** Cambridge, v. 83, n. 4, p. 337-339, Apr., 2000.

WYNDER, E. L. et al. Comparative epidemiology of cancer between the United States and Japan: a second book. **Cancer**, Philadelphia, v. 67, n. 3, p. 746-763, Feb., 1991.

ZILLER, S. **Grasas y aceites alimentários**. Zaragoza: Acribia, 1994.

ZOCK, P. L.; KATAN, M. B. Hydrogenation alternatives effects of trans fatty acids and stearic acids versus linoleic acid on serum lipids and lipoproteins in humans. **Journal of Lipid Research,** Bethesda, v. 33, n. 3, p. 399-410, Mar., 1992.